蚂蚁王国数学大战

天降之灾

智慧鸟 编绘

北方妇女儿童出版社
·长春·

图书在版编目（CIP）数据
天降之灾 / 智慧鸟编绘 . -- 长春 : 北方妇女儿童出版社 , 2025. 4. -- (蚂蚁王国数学大战). -- ISBN 978-7-5585-9051-1
Ⅰ . O1-49
中国版本图书馆 CIP 数据核字第 2024WV9405 号

天降之灾

TIAN JIANG ZHI ZAI

出 版 人	师晓晖
策 划 人	陶　然
责任编辑	庞婧媛
开　　本	787mm × 1092mm　1/16
印　　张	9.5
字　　数	200 千字
版　　次	2025 年 4 月第 1 版
印　　次	2025 年 4 月第 1 次印刷
印　　刷	德州市嘉俊印刷有限责任公司
出　　版	北方妇女儿童出版社
发　　行	北方妇女儿童出版社
地　　址	长春市福祉大路 5788 号
电　　话	总编办：0431-81629600
	发行科：0431-81629633
定　　价	29.80 元

它们都是谁

蚁族

黛绮丝将军

蚁族的最高统帅，带领蚁族对抗敌人。

雪莉军师

蚁族重要的智囊，多次利用智慧化解蚁族的危机。

蚂蚁小分队队长尤妮娜

蚂蚁小分队的统帅。

侦察队长露西

侦察队员娜娜

飞行蚁阿丽塔

蚁族的兵种之一，在空中进攻，手持长矛。

它们都是谁

蜥蜴族

蜥蜴大王哈根

蜥蜴战士

头脑有些迟钝，但讲义气，很勇敢。

甲虫族

甲虫谋士拉玛博士

甲虫首领索罗大王

甲虫士兵

蜘蛛族

蜘蛛大姐

老蜘蛛皮特

目录

可怕的幻觉

在红树林里，生活着各种各样的生灵，而蚂蚁部族无疑是其中最为热情，也最为勤劳的。在将军黛绮丝的带领下，蚂蚁们不但为了照顾自己的大家庭而努力工作，还时常向其他遇到麻烦的动物伸出援手，得到了大家的交口称赞。

不过，黛绮丝有时也很头痛，总是会有各种稀奇古怪的事找上门来。这不，一大早就有两只蚂蚁卫兵匆匆赶回来报告。

“将军，不好了！我们看见了一只巨大的怪物向蚂蚁窝袭来。”

“有多大？”黛绮丝倒是很镇定，它身经百战，自然处变不惊。

“有这么大！”一只蚂蚁卫兵从草地这头跑到那头，四只手不停地比画着。

“它浑身长满了可怕的尖刺，更糟的是，它身后跟着一只更大的怪物，足有它的7倍那么长。”

“这倒是从没听说过。”黛绮丝沉思片刻，“走，我们去看看！”

蚂蚁卫兵引路，在侦察队员的保护下，黛绮丝和雪莉赶往事发地点。可那里除了一条毛毛虫外，什么也没有。

“你们说的怪物在哪里？”黛绮丝疑惑地问。没想到蚂蚁卫兵躲到了它的背后，指着毛毛虫说道：

“那……那不就是吗？”

“就那条毛毛虫？”大家都傻眼了。雪莉喃喃自语，“这条毛毛虫不过 3.3 厘米，也就是 0.033 米长。说是庞然大物也太夸张了吧？”

“等等，卫兵说这里还有个家伙，足有毛毛虫的 7 倍长，那该是多少呢？”侦察队长露西保持着警惕。

“这个简单，用 0.033×7 就知道了。”雪莉回答道。

“可我只知道 33×7 怎么算。这 0.033 是小数，该怎么处理这些小数点和 0 呢？”露西一筹莫展。

“在小数的乘法运算中，先按照整数乘法的运算法则算出积。比如，0.033×7，我们首先需要计算 33×7=231（米）。”雪莉慢条斯理地解释道。

“231 米？！天哪，还说不是巨大的怪物？它藏在哪里？出来！”露西吓了一跳，赶紧抓紧手中的长矛四处张望。

“等等，我还没有计算完呢。”雪莉打断它，补充道，“按照整数乘法法则算出积是 231，然后便需要看因数中共有几位小数。这里因数 0.033 有三位小数，需要从积的右边起向左数出 3 位，点上小数点。”

“原来如此。”露西算道，“从 231 的右边起数出三位，点上小数点就是 0.231 米……是挺大的，但也不算太稀奇呀。”

话音刚落，一条小蚯蚓从草丛里钻了出来。原来，这就是蚂蚁卫兵口中的庞然大物。黛绮丝刚想笑，却发现两只蚂蚁卫兵依然十分害怕地看着毛毛虫和蚯蚓。这让它产生了疑问。

“它们看上去好像不太对劲。”

疯狂的世界

黛绮丝的直觉没有错。两只蚂蚁卫兵先是害怕地看着蚯蚓，突然捂住眼睛大笑起来，然后又放声大哭，劝都劝不住。

“它们是不是疯了？”露西有点儿害怕地问。

“以我的判断，它们似乎产生了某种可怕的幻觉。”雪莉猜测道。但现在这两只蚂蚁已经完全无法正常沟通，它们到底遭遇了什么才会变成这样，这还是个谜。

“将军，我们发现了一些不太对劲的地方。”侦察兵娜娜也带着一小队人马回来报告，“一路上遇到的动物们好像都疯了！”

“疯了？”黛绮丝看看那两只还在抱头痛哭的蚂蚁卫兵，又看看娜娜。

“对，蜗牛推起了粪球，屎壳郎把喇叭花当成了自己的家。爱美的蝴蝶在烂泥里洗澡，讨厌的蚊子到处说要给别人献血。”娜娜无奈地摊开手。

“这到底是怎么一回事？”黛绮丝正苦苦思索。一位年轻的战士出列了，“报告，我愿意前去一探究竟！”

“啊，这是我们侦察队的新兵，飞行蚁阿丽塔。”露西自豪地介绍道，“它和我们不一样，它有翅膀，能飞行！而且，它的飞行速度可达每分钟 112 米。”

“什么？每分钟 112 米？天哪，简直是闪电般的速度。”黛绮丝惊讶之余没有多想，赶紧命令阿丽塔前去侦察更多的情报。看起来，出现异常的地方可能还有很多。

奇怪的是，一直等到晚上也没见阿丽塔回来报告。黛绮丝急得直转圈圈。

“都说急得像热锅上的蚂蚁，可这里并没有一口热锅呀，我的将军。”雪莉开起了黛绮丝的玩笑。

“都这么久了，阿丽塔怎么还没回来？以它的速度不应该呀。该不会遇到危险了吧？”黛绮丝放心不下。

“危险……啊，会不会……”雪莉把露西叫了过来。

“你怎么知道阿丽塔的飞行速度是每分钟112米的？”雪莉问。

“入伍测试的时候我计算过。”露西得意地说，“从起点到终点共100.8米，阿丽塔飞行花了9分钟。用您教的小数除法计算，除数与被除数同时扩大或缩小相同的倍数（0除外），商不变。那么，我先去掉被除数的小数点，然后再按整数除法计算，就是把100.8转化为1008，那么1008÷9=112（米/分）。”

“天哪，难怪！”雪莉叹了口气：

“看来你没有真正理解什么是除数与被除数同时扩大或缩小相同的倍数（0除外），商不变。你计算时，被除数100.8的小数点往后移动了一位，所以最后的结果需要往前移动一位小数点。也就是从112变成11.2（米/分）。”

“每分钟11.2米？这速度虽然快，但确实一时半会儿也回不来。”黛绮丝暗暗自责自己太马虎了，竟然连如此明显的错误都没有发现。

突然，外面传来一个虚弱的声音：“出……出大事了！”

神秘的敌人

刚听到声音，两只蚂蚁卫士就把飞行蚁阿丽塔搀扶了进来。它脸色惨白，步履蹒跚，看上去好像受了伤。

“你怎么了？”黛绮丝十分关心自己的战士，它迎上去抱住阿丽塔问道。

“将军，我没事，可红……红森林怕是有事了。”

阿丽塔断断续续地说道，它凭借自己的飞行能力探查了许多地方，所到之处都一片混乱。许多动物突然产生了幻觉，把原来的好朋友认作敌人或怪物，不是互相厮杀，就是四处逃亡，一切都乱了套。

“为了了解更多的情报，我又飞了很远，直到遇到了一只蝴蝶，它告诉我，每到晚上，就会有一群神秘的黑影飞过，只要它们飞过的地方，第二天就会爆发灾难。”

阿丽塔越来越虚弱，但它还是不顾大家的劝阻，挣扎着继续说：

“根据蝴蝶提供的线索，我一路追踪，终于发现了它们的秘密基地，像……像这个样子……”

阿丽塔努力从怀里掏出一张纸来，刚要说话，眼前一黑，竟然晕了过去。

“快，快把阿丽塔送去治疗！”黛绮丝心痛不已。等安排好阿丽塔，它赶紧和雪莉一起研究起那张纸来。

纸上画了奇怪的建筑，应该是阿丽塔在侦察敌情时，草草画下的。看来，这就是阿丽塔口中的秘密基地建筑。

“从图纸上看，好像一大堆立方体堆叠而成的建筑物。”黛绮丝根据自己的经验做出了判断，“这是一座结构复杂的军事堡垒，每一个立方体都代表一个房间。”

“为了谨慎起见，我们得搞清楚它是由多少个房间组成的。”雪莉想了想，说道。

“这很难说。”黛绮丝有些为难，“你看，阿丽塔只画出了建筑物的侧面，背后的立方体被前面的立方体给挡住了，要数清楚很困难。”

“我们需要一些想象力，将军。”雪莉指着图纸说，“每个小立方体的形状是一样的，你可以想象在正面的立方体背后，需要有多少个小立方体才能支撑住上面的小立方体。”

“可这太容易数错了。”黛绮丝抱怨道，“我数了前面就忘了后面。”

雪莉想了想，在图纸上标出了一些数字：“也许这样可以帮助你不漏掉每一个小立方体。”

“3+2+2+1+1=9，一共有 9 个立方体房间，真是一座神秘的建筑。”黛绮丝惊呼道，“我们得过去看看里面到底在搞什么鬼？”

一探究竟

在天亮之前，更多情报陆续送到了黛绮丝面前。这些情报的内容跟阿丽塔所说的大同小异，看起来，红森林里有越来越多的地方陷入到了混乱之中。

“我汇总了一下目前的信息，可以弄清楚的是，有谁故意在森林中播撒某种毒物，凡是接触到这种毒物的动物，都会产生幻觉，继而狂躁不安，做出许多很可怕的事来。”

雪莉摊开红森林的地图，把所有出现异常情况的地方都圈了起来。

“我注意到出现异常的地方似乎组成了一个圆环，而中心位置就是阿丽塔所发现的神秘建筑。”黛绮丝指着地图说。

“那么，这是一起有意为之的袭击。”雪莉说道，“制造混乱的家伙就藏在那里！”

“我们不能袖手旁观！”正义感很强的黛绮丝决定挺身而出，把这些可恶的家伙找出来，弄明白到底发生了什么事。

“我的将军，你打算再派出一支侦察队吗？”雪莉问道。

“不，最好的办法就是给它们来个突然袭击！”黛绮丝传下命令，能放下手头工作的蚂蚁士兵立刻在大营前集合。

“报告，集合完毕，除了步兵蚁外，不少飞行蚁已经长出了翅膀，它们迫不及待地要参加蚁生中的第一次作战！”蚂蚁长官尤妮娜精神饱满地汇报，“飞行蚁和步兵蚁整装待发！”

“一共有多少战士？”黛绮丝问道。

“啊，这个……”尤妮娜擦了擦汗，“还没数，只知道如果每排站 6 只蚂蚁，最后一排只有 5 只，如果每排站 7 只蚂蚁，最后一排剩 6 只，如果每排站 8 只，最后一排剩 7 只。”

“你给我出了道难题呀。”黛绮丝皱眉道，“不过，雪莉昨天倒是讲过这样的问题。”

“如果每排站 6 只蚂蚁，最后剩 5 只，5+1 可以被 6 整除。如果每排站 7 只，最后剩 6 只，6+1 也可以被 7 整除。每排站 8 只，最后剩 7 只，那么 7+1 仍然可以被 8 整除。我们可以得到一个结论：队伍总数加上 1 就可以被 6、7、8 整除。”雪莉说道。

“对，这就是个求最小公倍数的问题。6、7、8 的最小公倍数是 168。那么，战士总数就是 168−1=167（只）。”黛绮丝算出了答案，“不过，如果加上我，那就正好是 168 只蚂蚁啦！”

“原来你这一次又要身先士卒。”雪莉不由得十分佩服，“好，就让我们一起去看看对手到底是何方神圣。”

侦察敌营

黛绮丝带着蚂蚁军队悄悄地接近了那个古怪的基地。从外面看，似乎一切都很正常。只不过，敏锐的黛绮丝很快就发现有什么地方不对劲：这里实在是太安静了。

“我的计划可能要做出调整。”黛绮丝说，“在彻底摸清敌情之前，我不想轻举妄动。”

接下来，它吩咐尤妮娜带领绝大多数蚂蚁战士在周围布置防线，将基地包围了个严严实实，不放过任何一个出入口。

黛绮丝命令侦察队长露西挑选一批最英勇善战的战士作为先锋，和它一起靠近半圆形建筑物进行侦查。它在一张纸上草拟了命令，交给侦察队长露西执行。

露西想了想，说道："将军，我建议给先锋换上弓箭作为武器，这样可以更好地执行任务。普通兵器比较重，不太方便。"

"你说得有道理，不过这次出来没有带太多箭支，只好凑一凑了。"黛绮丝命令把全军的箭收集起来，分给先锋部队。

露西把先锋队集合起来，挨个分发箭支。不过很快它就皱起了眉头："如果每位战士分到 5 支箭，就多出 100 支。如果每位战士分到 6 支箭，就少 20 支。这可怎么办？"

"哈哈，这说明箭支的数量不够平均分的。现在到底有多少支箭和战士呢？"雪莉走了过来。

"大家报数！"露西命令道。但雪莉阻止了它："不用了，根据你提供的现有条件，我就能计算出战士数量和箭支数量。"

在露西好奇的目光中，雪莉计算起来：

“根据题目中的条件，我们可以知道如果按照第一种分法，每人分 5 支，多出 100 支。按第二种分法，每人分 6 支，还少 20 支。第一次有盈余，第二次有不足。但都可以看作差额。解答它的关键就是用两次分配的总差额来除以两次分配的平均差额。那么战士的数目就是（100+20）÷（6−5）=120（名），而箭支的总数为 5×120+100=700（支）。”

“120 名战士分 700 支箭，确实不够分。”露西豁然开朗。

“不如把先锋部队精简到 80 名，每名战士可以分到 8 支箭，还余下 60 支箭以备急需。”黛绮丝建议道。露西愉快地接受了黛绮丝的建议。

失联危机

黛绮丝想到了一个打探敌情的好办法——从基地下面挖一条地道，这样就可以神不知鬼不觉地潜入对手眼皮底下。

“我带30名战士准备挖洞，其他蚂蚁听雪莉指挥，在外面等待。”黛绮丝身先士卒打起洞来。很快它们就消失在雪莉眼前。

“我真有点儿担心，万一它们遇到危险怎么办？”雪莉回头问露西，“这次出征，按我的吩咐把表带上了吧？”

“带上了！”露西一挥手，十几名战士把一块只剩表盘的机械手表抬了过来。这是蚂蚁们从游客留下的垃圾里发现的。雪莉把它像宝贝一样珍藏了起来，这还是第一次派上用场。

“大家看，这上面有两根指针，短的一根叫作时针，长的一根叫作分针。一天分 24 小时，分针每走一圈是 1 小时。如果把 1 小时看作单位 1 的话，每隔$\frac{1}{3}$小时，我们就派一名战士进入地道，去看看黛绮丝将军它们是否安全。”

雪莉解释道。

“$\frac{1}{3}$小时，那是多长时间呢？”露西还是不懂。

“1 小时是 60 分钟，$\frac{1}{3}$小时就是 $60\times\frac{1}{3}=20$(分钟)。也就是说我们每隔 20 分钟，就派出一名战士进入地道打探消息。”

“20 分钟？智者，你再教教我们吧，如何才能从表上看出时间过去了 20 分钟？”露西和大伙儿好奇地问。

“这不难，”雪莉指着表面说道，“大家看，表盘一共有 12 个数字，分钟每转一圈就代表 1 小时。

“而我们把12个数字分成3份的话，每一份就是$\frac{1}{3}$小时，$12\div3=4$。也就是说，当分针每走过4个数字，就代表过去了$\frac{1}{3}$个小时。”

“这下我会根据钟表辨认时间了，再也不用只靠太阳和影子。”露西高兴地说道。

按照雪莉的安排，第一只蚂蚁进入了地道，很快它带回了里面的消息——一切顺利。20分钟之后，第二只蚂蚁也进入了地道，又过了20分钟，第三只蚂蚁也进入了地道。然而奇怪的是，它没有出来。

雪莉大声喊道：“糟糕，出事了！”

大家都紧张起来，雪莉再也忍不住了，它率先冲进地道，大家也都紧随其后。地道又黑又长，为了避免被基地里的敌人发现，黛绮丝一定是先向下挖掘了很长一段，然后才开始向上挖掘。沿着黛绮丝走过的路，雪莉小心翼翼地向前爬行，直到尽头。

“一路都没有任何动静，它们到底怎么了？”

当雪莉从地道出口伸出头时，眼前的景象让它大吃一惊。

遭遇袭击

雪莉第一眼看到的，是所有的蚂蚁战士都在基地的大厅里扭打成一团。黛绮丝也像发了疯似的，它把抱住自己的蚂蚁战士狠狠扔出去，谁都没办法阻止它。

“你怎么了，将军！”雪莉冲过去，想要让黛绮丝停下来。但黛绮丝就像不认识雪莉似的，它一把抓住雪莉的胳膊，狠狠咬了一口。

“哎哟！”雪莉疼得差点儿哭出来。幸好露西和娜娜拼命抱住黛绮丝的腰，这才让雪莉挣脱出来。

“这到底是怎么一回事？”雪莉打量着这座大厅。大厅里空荡荡的，就像一只倒扣过来的碗。这里面到底发生了什么？正当它百思不得其解之时，头顶上传来了一些尖厉的声音。

“笨蛋蚂蚁竟然自投罗网，这真是好极了！”

“让我们再多释放一些毒粉，看看会发生什么吧！”

“对对对，这真是做实验的好机会！”

紧接着，天花板上开启了一个孔洞，白色的烟雾从孔洞中弥漫开来。“不好！”雪莉给露西和娜娜使了个眼色，它们一个拖脚，一个抱腰，拼命地把黛绮丝往地洞里拖。

“唔，哇哇……2，呀呀呀，3……”黛绮丝一边挣扎，一边胡言乱语，不过它还是被拖进了洞中。

地道也许能拖延烟雾弥漫的时间。雪莉这么想着，等它们好不容易钻出地道一看，地面上留守的蚂蚁士兵已经无影无踪了。

“天哪，到底发生了什么？”雪莉没时间多想，它带着露西和娜娜，拖着黛绮丝逃到一片小池塘边。

“将军好像不再挣扎了，但一直不停地胡言乱语。”露西焦急地说，“我留心听了一下，它说的是 2、3、5、7、11、13、17……这是什么意思？”

“它说的全都是质数。”雪莉一听就明白过来。

“质数？什么意思？”露西一头雾水。

“所谓质数，就是除了 1 和它本身外，不能被其他数整除的正整数，又叫作素数。”雪莉皱皱眉，“天，质数是无穷无尽的，黛绮丝该不会一直这样数下去吧？它到底看见了什么？”

“军师，我突然想到一个问题！”露西说道，“看起来，是那股白烟让大家都发了狂，可我们为什么没事儿呢？”

“是呀，这是为什么？”雪莉苦苦思索，突然眼前一亮。

“想来想去，我们三个的共同点就是，早上都喝了同一碗野菜汤。”

露西想起来，出发前，娜娜做了一碗不知名的野菜汤，只有雪莉和自己喝过。

“也许这种野菜可以抵御毒烟的侵害？”露西激动起来，它一把抓住娜娜的脖子使劲摇晃，“你是在哪里发现这种野菜的呀，快说！”

“我……喀喀……我带你们去！”娜娜说道。

发现解药

在娜娜的带领下，雪莉和露西扶着黛绮丝，朝森林深处走去。

“我是某天外出侦察时发现这种野菜的，本来想带回来尝尝鲜，没想到……对了，就是那里！”娜娜兴奋地指着前面一片沼泽，“你们在这里守护将军，我去采摘。”

雪莉和露西期待地等了好久，没想到娜娜空着手，垂头丧气地回来了。

“呜呜，没想到今天那里守着一只巨大的蜥蜴，它蛮不讲理，硬说这野菜是它家的，还说连它们自己都不够吃，不可能分给我们。”

娜娜哭丧着脸，对着一脸好奇的雪莉和露西抱怨道。“既然有主人，也许大家可以好好商量。”雪莉站起来，“让我去会会它。”

雪莉走到沼泽边，发现果然有一只蜥蜴气鼓鼓地守在那里。它身后有一片鲜绿色的植物，应该就是娜娜所要采摘的野菜。

“呼呼，又是你这只小蚂蚁。我说过，这些还魂草连我们自己都不够用的，快走！”蜥蜴说道。

“我叫雪莉，您好哇。”雪莉温和地说，“现在我们急需还魂草来救命，您帮助了我们，蚂蚁家族一定会报答您的。”

看雪莉十分客气，蜥蜴的态度软化下来，可表情还是十分为难："我叫哈根。如果是救人，呃，也不是不可以。但你得帮我解决一个困扰我们很久的难题。是这样的，现在沼泽里有 400 棵还魂草，每天能长出 6 棵。我手下有 26 只蜥蜴，每只蜥蜴每天吃 1 棵还魂草的话，这片沼泽的还魂草够我们吃多少天？"

"天哪，这怎么算？虽然还魂草每天都长出新的来，可蜥蜴们不停地在吃。数量还不一样。这就是在为难我们。"娜娜抱怨道。

雪莉阻止娜娜继续说下去：“其实，换个角度想就清楚了。解答蜥蜴哈根的问题，关键是算出每天能新长出多少草。我们可以假设专门让几只蜥蜴吃新长出的草，剩下的吃原来的草。那么，原有的草量 + 新长出的草 = 总的草量。”

“我想想。”露西在雪莉的启发下计算起来，“原有的草量固定不变，每天新长出 6 棵还魂草，每只蜥蜴每天吃 1 棵，那么新长出的草量刚好够 6 只蜥蜴吃。剩下的 20 只蜥蜴吃的就是原来的草。每天吃 20 棵，400÷20=20（天），还够吃 20 天！”

“你解决了我的难题，作为报答，我愿把沼泽的还魂草都送给你。”哈根慷慨地说。

“那怎么行？”雪莉连连摆手，“这样你们吃什么？”

哈根大笑起来：“我说的是这片沼泽的还魂草送你们，我们蜥蜴族还拥有很多其他沼泽的还魂草哇，不用担心！”

吃下还魂草，黛绮丝慢慢地恢复了正常，它睁开眼睛说：“我怎么了？我这是在哪里？”

雪莉告诉了黛绮丝所发生的一切。黛绮丝激动不已：“看来，这一切都是有预谋的圈套，我们中了埋伏。”

“你看见幕后黑手了吗？”娜娜问。

“没有，但我已经有了一些线索。另外，当务之急是用剩下的还魂草让中毒的战士们都恢复健康。”黛绮丝说。

问答题

1. 小智用一根绳子做跳绳，第一次用去了总长的$\frac{3}{8}$，第二次用去了总长的$\frac{1}{8}$。请问两天一共用去这根绳子的几分之几？

2. 学校买来一批煤，第一周烧了总数的$\frac{1}{3}$，第二周又烧了总数的$\frac{1}{3}$。请问两周一共用去了总数的几分之几？

蚂蚁的囚牢

黛绮丝和雪莉所不知道的是，在红森林的那一头，中毒的蚂蚁战士们都落入了敌人的囚笼。

“哈哈哈，我们这次真是大获全胜。”月色下，一个驼背的神秘黑影笑道。

“我的陛下，看来咱们的试验成功了，这种毒粉对所有的动物都能产生作用，它们会产生幻觉，发狂，最后精疲力竭而死。到时候，整个红森林就是咱们的了。”另一个个子小一些的驼背黑影狞笑道。

“美中不足的是，放跑了黛绮丝和那个什么雪莉，据说它是红森林中最聪明的蚂蚁，后患无穷啊。”大个子说道。

“不要紧，有这么多俘虏在我们手上，它们一定会回来自投罗网的。”小个子说，“当务之急是把这些蚂蚁关到地牢里。”

“唔，这么多俘虏，可得找个大点儿的地牢。对了，我们基地的地下倒是有个小地牢，但是关不下这么多俘虏，得扩大。”大个子说道。

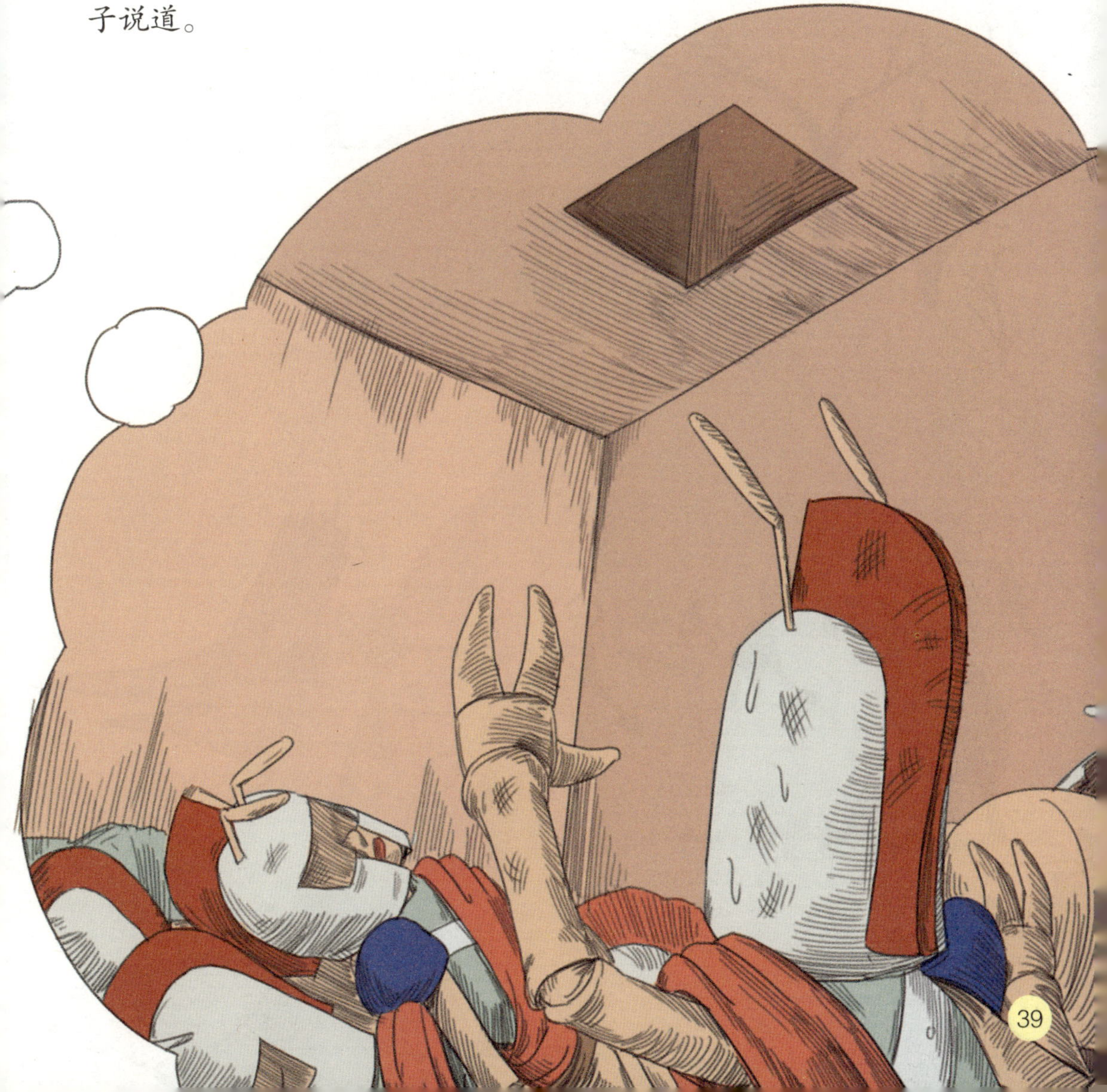

“大王高见，我这就调集善于挖掘的士兵去扩建地牢。它们被编为两组，第一组单独挖的话，需要 28 个小时。第二组单独挖的话，需要 21 个小时。我看，让第二组去挖吧？”小个子说道。

“何必这么呆板？”大个子不满地说道，“让两组同时开工，这样应该能大大缩短时间。不过，具体能缩短多久呢？”

“大王真是英明极了，这其实是一个工程问题。工作总量 = 工作效率 × 工作时间。我们可以把工作总量看作单位 1，然后分别计算两组工人的工作效率。最后再用工作总量除以两组的工作效率之和就可以了。”

“具体应该怎么算呢？”大个子问道。

“第一组的工作效率为 $1\div28=\frac{1}{28}$，第二组的工作效率为 $1\div21=\frac{1}{21}$。现在，我们来求合作时间：$1\div(\frac{1}{28}+\frac{1}{21})=12$（小时）。”

“工程量还挺大，要是能让这些该死的蚂蚁去干活儿就好了。”大个子突然一跺脚，“对了，亲爱的谋士，你能不能继续改进一下这种毒粉，让中毒的动物都变成无条件服从我们的奴隶？”

“应该能够做到，陛下英明！”两个黑影得意地狂笑了一会儿，然后飞起来，消失在月色之中。

破解毒粉

黛绮丝刚恢复了一些元气，就再次和雪莉、露西、娜娜一道悄悄返回了遭遇伏击的地方。

本来娜娜提议赶紧回营，调集更多的兵力来解救同胞，但被黛绮丝否决了。连敌人是谁都还没搞清楚，轻举妄动只能带来更大的损失。

“我怎么觉得那个基地的圆屋顶上有许多彩色的小球？”娜娜揉揉眼睛，还没等它再看，花纹动了。天哪，那不是屋顶的墙壁，那是一只只色彩斑斓的甲虫。

接着，更多的翅膀活动起来，露出翅膀下的身体，原来房顶上聚集着密密麻麻的彩色甲虫。它们扑棱着甲壳下的翅膀，然后一只接一只飞到了空中离开了。凡是甲虫所经过的地方，都留下了不少白色烟雾。

“我明白中毒的原因了！”雪莉的两条触角猛地一碰，“它们的翅膀上涂了某种有毒的毒粉，只要吸入这种粉末，就会产生幻觉并发狂！”

“原来如此。”黛绮丝暗暗发愁，这可是群难缠的对手。看来，失踪的蚁群应该都落到了甲虫的手上。要救出它们，难免会冒吸入毒粉的风险，怎么办呢？

“有了，我们用一种既轻薄，又透气的东西把嘴巴和腹部的气孔挡起来，不就可以避免吸入毒粉了？”雪莉高兴地说道。

这真是个好主意，可从哪里找到这种材料呢？大家提出了树叶、绒毛、泥土等各种建议，但都被一一否决了。最后，还是露西想出了办法。

“我认识住在桦树上的蜘蛛大姐，它能用蛛丝织出轻薄又柔软的蛛网。如果把这些蛛丝叠起来，不就可以做成罩子罩在气孔和嘴上了吗？”

这倒是个不错的主意，黛绮丝一行人赶紧找到蜘蛛大姐并说明来意。蜘蛛大姐倒是一口答应了它们的请求。不过却提出了一个难题。

“我一次可以吐出一整段丝线。不过我从来没算过它能有多长。只知道第一次结网用去了全长的一半还多 3 米，第二次用去了全长的一半少 5 米，还剩 20 米。要是搞清楚这个问题，我才知道我吐出的丝线够不够你们用的。”

“蜘蛛大姐，您的难题可把我给听糊涂了。”露西说道。

“哈哈，我自己也很糊涂哇。你们能算得出来吗？”蜘蛛大姐豪爽地笑道。

“这样的问题，需要从后面往前推算。”雪莉说道，“还剩20米，第二次用去余下的一半少5米，那就是（20−5）×2=30（米）。接着咱们再往前推算，第一次用去全长的一半多3米，那么全长的一半是30+3=33（米）。全长就是33×2=66（米）。”

“唔，这样我心里就有数了。我吐的丝线完全够你们使用。”蜘蛛大姐开始忙碌地吐起丝来。

“太好了，这种罩子是用来罩住口部和气门的，不如就叫它口罩吧！”黛绮丝兴奋地说。

有了口罩，小蚂蚁们有了战胜强敌的信心。不过，很显然它们还需要更多的口罩。

奴隶毒粉

就在黛绮丝它们忙着制作口罩的时候，甲虫们也在加班加点进行新的试验。

“我的陛下！”小个子甲虫——拉玛博士谦卑地向甲虫大王索罗鞠了个躬，“能把动物变成奴隶的毒粉已经研制成功了。只要把这种毒粉涂在我们的翅膀上，再到处散布，就可以发挥作用。”

“我说，它不会对我们也有效吧？”索罗大王猜疑地看了一眼拉玛博士手中的试管。

“对我们甲虫家族是无效的，这点我可以保证。”

“很好，我可不想有什么野心家用它来对付我。”索罗大王摇摇头，“我认为在正式使用前，得找几个倒霉蛋再实验一下。”

“放心，我计划就用抓来的小蚂蚁做实验。先选 50 只蚂蚁，每只蚂蚁需要使用 2.3 克的毒粉，这样一来，我们还需要生产更多的毒粉才能保证实验所需。”

索罗大王一挥手：“这个简单，我调派更多的手下和物资给你来生产毒粉。不过，你到底需要生产多少？”

“我们用 50×2.3 即可。”拉玛博士轻松地说。

“一个简单的乘法问题，不过这里出现了小数点，我最讨厌有小数点的乘法。”索罗大王厌恶地撇撇嘴。

“如果您讨厌小数点，我们有一个很简单的办法让它消失。”拉玛博士说：“如果把乘数和被乘数同时扩大十倍，就可以消除掉小数点。接下来，只需要把结果缩小为原来的$\frac{1}{100}$就可以了。”它在纸上写道：“50×2.3=（50×10）×（2.3×10）÷100=500×23÷100=115（克）。”

“这个办法是很巧妙。”索罗大王摸着触须，若有所思。

“其实，我还有更巧妙的办法。”拉玛博士说道，“大王，你还记得吗，在乘法算式中，不管是乘数还是被乘数，如果一个数扩大十倍，而另一个数缩小为原来的$\frac{1}{10}$。那么结果不会有任何变化。”

“这是自然，就好像今早上我吃掉了三片树叶，可闹肚子又拉出了三片树叶一样，一进一出，相当于白吃了。”索罗大王揉揉肚子。

“所以，如果把‘50×2.3’写成‘5×10×2.3’，在乘法算式中，改变计算顺序并不影响最后的结果。那么这个‘10’就可以先乘以2.3，让2.3扩大10倍，变成23，讨厌的小数点也就不见了。”

“50×2.3=5×10×2.3=5×（10×2.3）=5×23=115（克），哈，结果跟刚才一样。”索罗大王明白过来，翅膀一扇，批准了拉玛博士的生产计划。

与此同时，蜘蛛大姐也为黛绮丝和伙伴们编织好了轻薄又耐用的口罩，它们再一次悄悄接近了甲虫们的基地。只是黛绮丝不知道，它将面临更大的考验。

智取敌营

黛绮丝带着伙伴们再次来到甲虫基地外部。从外面看，一切都十分安静，但也许甲虫士兵正守卫在里面。怎么才能进去解救被俘的同胞们呢？

娜娜自告奋勇从之前挖出的地道入口进入，前去侦察。过了一会儿，它回来了。

“那些笨蛋竟然没有把地道出口给封死，我们可以照老样子从地道潜入。不过，里面有不少守卫，戒备森严，光靠我们力量有限。”

雪莉略一琢磨，连连摆手："它们不封死地道口说不定是个阴谋，可能正等着我们自投罗网呢。"

"那怎么办？"大家问道："难道就在这里袖手旁观吗？"

"别急，我们可以将计就计。"雪莉吩咐大家找来许多湿柴草，堆在地道口附近。

"接下来，我们得钻木取火。"

雪莉生起了一堆小火苗，小火苗很快燃烧起来，湿柴草燃烧产生了大量的浓烟。雪莉用树叶当扇子把浓烟扇进地道。

很快，基地里的甲虫们就发现了异样。滚滚黑烟从地下冒出，等它们反应过来，已经被熏得受不了了。

“咳咳，哪里来的烟……咳咳，可恶！”奉命留守在这里的是甲虫大王索罗的心腹将领伊迪，它一边咳嗽，一边责骂下属无能。

“我们找到了烟进入的地方，堵上它就没事了！”下属很快查明了原因。

“别急，我有一个更好的主意。”伊迪反应过来，这一定是小蚂蚁们的“杰作”。

伊迪下令道：“我们得重新调整兵力。原来留守外面的A队有30名，留守基地的B队有50名，而我的直属卫队占总兵力的20%。现在，我要求A队调整到总兵力的40%，B队要比A队多10名，另外，还要组织一支预备队，预备队兵力和直属卫队一样多。”

“这可怎么算哪？长官。”手下茫然不解。

“猪脑子！如果我们先把总兵力看作单位 1，而原本直属卫队占到 1 的 20%，那么原来 AB 两组的兵力和就是 80%。我们知道原来 AB 两组的兵力和为 30+50=80（名）。那么，原来的总兵力就是 80÷80%=100（名），重新调动后，A 组兵力占了总兵力的 40%，就是 100×40%=40（人）。B 组兵力就是 40+10=50（人）。而直属卫队和预备队兵力一样多，就是（100−40−50）÷2=5（名）。”

“也就是说，我们得把一些士兵派出去？”

“对，这样才能迷惑它们，以为我们逃走了！”伊迪将军怒喝道。不得不说，这真是一个毒辣的计划。它会给黛绮丝带来巨大的危险。

营救作战

对身经百战的黛绮丝来说，伊迪将军的小把戏可骗不了它。通过计算从基地中逃出的甲虫人数，黛绮丝敏锐地发现其中有鬼。它找来一些树皮，裁剪成甲虫翅膀的形状，然后披在自己和大伙儿身上，从地道中借着浓烟的掩护混进了基地。

“我们怎么才能找到被俘的同伴呢？”娜娜小声地问道。

黛绮丝摇晃着头上的触角：“通过追踪它们留下的信息素，我们就能找到同胞们被关押的地点。”

黛绮丝蹑手蹑脚地穿过浓烟，终于在基地的角落里发现了一个不起眼儿的暗门儿。它打开暗门，带着大家进入了一个地下密室，这个密室似乎比地上的空间更为宽大。在密室的中央修建出了一个地牢，所有被俘的蚂蚁都被关押在这里。在毒粉的影响下，它们狂躁不安，互相推挤，厮打成一团。

黛绮丝忍不住流下了眼泪："都怪我，让你们受苦了。"

雪莉安慰黛绮丝道："我已经把还魂草熬成汤汁，浓缩成了药水，赶紧洒到地牢里就能让大家恢复正常。"

果然，在解药的帮助下，地牢里的蚂蚁很快都恢复了神智。大家爬出地牢，发誓要好好给这些狡猾的甲虫一点儿颜色看看。

“我倒是有个办法，能以其人之道还治其人之身。”露西说。它发现地下密室的空间大于上面地板的面积，如果能发挥蚂蚁们的挖掘才能，在密室天花板上挖出一个长方形破口，就能让整个天花板坍塌下来，让上面的甲虫全掉进自己修建的地牢。

“好主意，不过，要挖多久呢？”黛绮丝可不想耗费太长的时间，这样会引起敌人的注意。

“这个问题嘛，我们需要知道两个数据，第一是工程的总量，也就是我们一共需要挖多少立方厘米的土，才能让地板塌下来。第二是我们的工作效率，也就是我们每分钟一共能挖多少土。用工程总量 ÷ 工作效率，就可以算出工作时间。”雪莉说。

“下来前我仔细观察过。”一只工程蚁说，“如果要让地板坍塌，我们得挖的土量相当于一个长 60 厘米，宽 16 厘米，深 4 厘米的立方体。”

“很好，这个立方体的体积就是我们的工程总量。而立方体的体积 = 长 × 宽 × 高。”雪莉在地上写下了一个算式。

“而我们每只工程蚁每小时可以挖土 60 立方厘米。这里可以容纳 80 只蚂蚁一起开工。”工程蚁信心满满地说道。

“那就是（60×16×4）÷（60×80）=0.8（小时）。我们只需要不到 1 小时就能完工。”

“可 0.8 小时是多少分钟呢？”黛绮丝问道。

“1 小时 =60 分钟。0.8 小时，就是 1 小时乘以 0.8，也就是 60×0.8=48（分钟）。”雪莉给出了更准确的答案。

“既然这样，开工吧。”黛绮丝点点头。

果然，不到一小时，伴随着一声巨响，地板塌了下来，甲虫们纷纷掉进了自己挖出来的地牢里。

把掉进地牢的甲虫士兵全部关起来之后，黛绮丝带着大家冲出了甲虫基地。被伊迪将军派到外围的甲虫士兵们没有接到发动进攻的指令，只知道服从命令的它们只好眼睁睁看着蚂蚁们离开。

“现在清点部队数量，1，2，3，4……咦，不对呀。”

黛绮丝数来数去，发现少了 40 只蚂蚁。它们去了哪里？

“报告将军，我仿佛记得甲虫们带走了它们，但我也不知道我看到的是不是幻觉。”尤妮娜报告道。

“我想不是，毕竟它们凭空失踪了。”雪莉分析道。可是，甲虫为什么要单单带走40只蚂蚁呢？雪莉一时还想不明白。

“不管怎么样，我们得把它们救出来！”算上自己，蚂蚁的兵力从数量上看，要对付甲虫应该绰绰有余。不过，甲虫有致命武器——毒粉。这就让绝大多数普通蚂蚁毫无还手之力。

“当务之急，是赶到蜘蛛大姐家，请它想办法为我们制作更多的蛛丝口罩。”雪莉提醒黛绮丝。

“有道理，我们得赶在甲虫们作出反应前才行。”黛绮丝下令全队急行军，向蜘蛛大姐的方向出发。它们必须争分夺秒，与时间赛跑。

“甲虫基地离蜘蛛大姐家有多远？”黛绮丝回头询问露西。

“啊，这倒没注意，我只知道先前从蜘蛛大姐家赶往甲虫基地时，我们本来打算用 2 小时赶到的。可途中有一段道路很不好走，导致我们的行进速度降低了 20%，所以比原计划多用了 6 分钟。而这段坏路大概有 4 千米吧。”露西绞尽脑汁回忆道。

“这怎么算呢？”黛绮丝听糊涂了。

“没关系，我们可以用设未知数的方式来解决问题。假设我们原来的行进速度为 x 千米 / 小时。那么，在那段坏路上，我们的速度降低了 20%，也就是（1−20%）$\times x=0.8x$ 千米 / 每小时。这段坏路有 4 千米，在 4 千米的距离中，以 $0.8x$ 千米 / 每小时的速度

赶路，用掉的时间比原来以 x 千米/每小时的速度用掉的时间多了 6 分钟，占 1 小时的 $\frac{1}{10}$。也就是 $\frac{4}{0.8x}-\frac{4}{x}=\frac{1}{10}$。$x=10$，距离为 $2\times10=20$（千米）。”

看来路还长，可万万耽搁不得，黛绮丝想到这里，指挥大家加快了脚步。不过，还没走出多远，就被一群熟悉的身影挡在了前面。

“站住，没有谁可以从这里过去！”

天哪，阻拦它们的竟然是自己的战友，被带走的那 40 只蚂蚁。

露西揉揉触角，走上前说：“你们竟然回来了？太好了，赶紧回到队伍中继续行军吧。”

为首的蚂蚁一把将露西推倒在地：“我不认识你，如果不投降，我就杀死你！”

这是怎么回事？黛绮丝完全懵住了。

问答题

1. 甲、乙两地相距 150 米，蚂蚁从甲地走到乙地需要 25 分钟。实际每分钟比原计划多前行 4 米，那么实际需要多少分钟到达？

2. 甲、乙两地相距 2100 米，蚂蚁计划平均每小时走 150 米，走了 6 小时后，加快速度，平均每小时走 200 米，这样走几小时能到达？

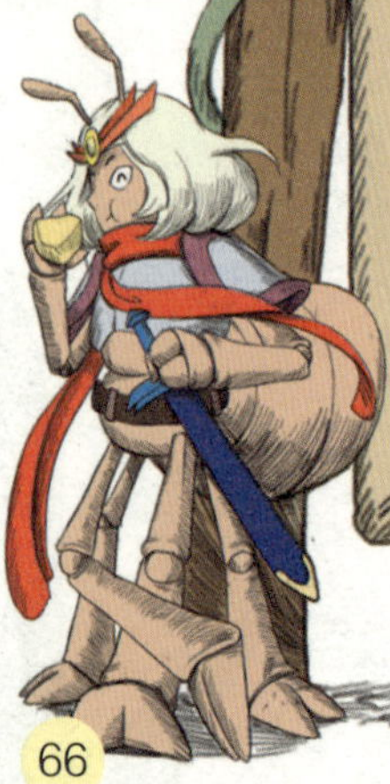

寻找解药

不等黛绮丝反应过来，奴隶蚂蚁战士们就疯了似的冲过来，一场混战就此展开。

“停手，是我们哪！”不管黛绮丝它们怎么劝说阻拦，奴隶战士们都没有要停下来的迹象。

“我看，它们一定是中了某种更加奇怪的毒。”雪莉看出了问题，“这种毒跟之前的不一样，不但让蚂蚁们发疯，还让它们绝对服从甲虫们的命令。”

事已至此，黛绮丝只好先让发了疯的奴隶战士们“冷静”下来再说。经过半天混战，奴隶战士们终于被全数控制住，不过大家也伤痕累累，筋疲力尽。

“也许蜥蜴的野菜草药可以解救它们。”露西出主意道。

大家押解着被捆起来的奴隶蚂蚁战士们，匆忙赶向蜥蜴所在的沼泽。听黛绮丝说明来意，蜥蜴表示愿意再次伸出援手。可这一次大家却失望了，草药对奴隶战士们没有丝毫作用，它们变得更加狂暴了。

“唯一的办法，是冒险潜入甲虫的总部寻找解药。”雪莉说。

“对。”黛绮丝点点头。如果甲虫们在森林中大面积散播毒粉，那就会造成无法挽回的灾难。

黛绮丝把战士们分成三队，一队带着奴隶战士们赶回家里，提醒大家提高戒备；一队前往红森林各处，向动物们发出警报；另一队跟随自己，前去寻找甲虫们的老巢。

突然，娜娜的肚子咕噜噜叫了起来。看来经过长时间的战斗，大家都已经饿坏了。

“我这里有一种草根，甜丝丝的非常美味。”好心的蜥蜴告诉黛绮丝，它们可以多挖掘一些这种草根充饥，还能带在路上作为干粮。

“我发现这种草根的长度不一，但不外乎三种长度：12 厘米，18 厘米，21 厘米。”雪莉看着挖出来的草根说道，“其中 12 厘米的草根有 40 根，18 厘米的有 25 根，21 厘米的有 100 根。”

“我希望能把草根截断后平均分给每一位战士，而且不要有剩下的，这样可以避免浪费。”黛绮丝说，“我虽然身为将军，也不能比大家多拿。”

“长短不一，怎么保证大家分到的长度都一样，又尽可能刚刚好呢？”雪莉略一思索，“有了，我们目前有多少名战士？”

“加上你和我，正好 101 名。怎么了？”黛绮丝一脸疑惑。

“我们可以先算出甜草根的总长度，再用总长度 ÷ 战士人数，就能得到每名战士所能分配到的数量。”雪莉说道。

“可是，甜草根有三种长度，每种又有好多根，不管是相加还是相乘，都不好算哪。”黛绮丝有些为难。

“这种情况，我们可以把长度相同的甜草根分别相乘，然后再相加，就是 $12\times40+18\times25+21\times100=480+450+2100=3030$（厘米）。”

“$3030\div101=30$（厘米）。”黛绮丝高兴地说，“想不到如此简单！”

最后，每只蚂蚁战士都分到了 30 厘米长的甜草根作为干粮。

发现敌踪

黛绮丝带着剩下来的战士踏上寻找甲虫的道路。可是，这么大的红森林，它们会藏在哪里呢？

“回到地牢审问一下被关起来的甲虫们就知道了。”尤妮娜提议道。

“那里还有很多甲虫在外面游荡，我们不能冒险。而且，地牢里的甲虫很可能已经被外面的甲虫给救出来了。”黛绮丝认为甲虫们的大本营应该离基地不远，也许能在周围找到什么线索。

突然，天空中飞来一只蚂蚁。当它落到地上时，所有蚂蚁都惊呼起来：

“阿丽塔！”

“报告将军，我的身体已经恢复了，请求加入你们的战斗。”阿丽塔敬了个礼说。“不行，你的身体刚好，我担心……”黛绮丝还没说完，阿丽塔就从身后摸出一卷地图：“其实，在你们走之后，我就继续在空中侦察，终于找到了甲虫们真正藏身的地方。”

黛绮丝打开地图，发现上面画着一个奇怪的图形。

“这里叫月光山谷，从天空中看上去，就好像一个箭头指向西边的模样。”

据阿丽塔报告，甲虫的老巢就藏在月光山谷之中。要想在这里找到老巢的具体位置，就需要搜索相当大的一片区域。

“我需要计算出整片山谷的面积，好根据这一点儿来安排搜索任务。可这个图形如此的古怪，该怎么计算呢？”

黛绮丝已经知道了正方形、长方形、三角形和圆形面积的计算方法。但它没想到的是，这个图形的形状并不规则。

雪莉也对着图纸挠起了头。突然，它狠狠地掐了一下自己的触须，并在图纸的中间画出了一条横线。

“像这样，就可以把复杂的图形变成简单的图形，然后分别加以计算啦！”

“新出现了两个一模一样的图形，可它们的面积该怎么计算呢？”黛绮丝看着雪莉的表情就好像它变出了什么魔法。

“这叫作平行四边形，它的面积计算公式和长方形是一样的，都是长 × 宽。”雪莉说。

“为什么？”黛绮丝想要打破砂锅问到底。

雪莉找来四根树枝，把它们拼成了一个长方形。然后用手推动长方形的一边，神奇的事情发生了：长方形变成了平行四边形。

“看，形状改变了，但长和宽都没变，面积也没变。所以平行四边形和长方形计算面积的方法是一样的。”

露西啧啧称奇，它立刻计算起来：“根据测量，其中一个平行四边形的长边为 100 米，宽边为 50 米。其面积就是 100×50=5000（平方米），山谷面积被分割成了两个相同的平行四边形，就是 5000×2=10000（平方米）。”

“天哪，这么大一块面积，看来我们要赶紧动手搜索才行。”黛绮丝头痛起来。也许现在甲虫们已经开始在森林中四处播撒毒粉了，如果不抢在它们造成更大的灾难前找到解药，一切都来不及了。

在阿丽塔的带领下，蚂蚁战士们终于找到了月光山谷。经过一番地毯式的搜索，尤妮娜所带领的一队终于在右上角的森林中找到了甲虫们的老巢。

深入敌营

在森林深处，藏着一片高大的桦树，桦树上密密麻麻爬满了甲虫，看来，这里就是甲虫们的老巢了。

“真奇怪，那些甲虫一动也不动，它们在干什么？”娜娜好奇地问道。

“它们可能正在养精蓄锐，准备晚上出来活动。”雪莉猜测道。

“既然这样，不如我们马上进攻，打它们个措手不及！”娜娜兴奋起来。

“万万不可，现在我们还没搞清楚毒粉解药的秘密，贸然行动会吃大亏。”黛绮丝想了一想，“我们得先抓个‘舌头’回来打探情报。”

抓俘虏可是侦察小队的拿手好戏，在露西的带领下，侦察蚁们摩拳擦掌，准备一显身手。没过一会儿，它们就在一棵远离树林的大树上发现了一只睡得正香的甲虫。露西做了个手势，娜娜和阿丽塔一起按住它的翅膀，把它结结实实地捆了起来。

甲虫被带到黛绮丝面前，它还在不停地抖动翅膀，准备用毒粉来攻击敌人。黛绮丝指了指自己的口罩笑道：“别白费力气了，现在毒粉可对我们不起作用。”

“你……你们要干什么？别伤害我！”甲虫见毒粉不起作用，害怕得浑身发抖。

“只要你告诉我们关于毒粉的秘密，我们就饶了你。”黛绮丝说道。

一听黛绮丝这么说，甲虫就像竹筒倒豆子一样，把自己所知道的说了个一清二楚。它告诉黛绮丝，现在甲虫们正在抓紧时间生产第二代毒粉，也就是奴隶毒粉。只要吸入，就会失去意识，变成甲虫大王的忠实奴仆。

“解药的事，我不清楚。也许你们能在生产车间找到答案。”据甲虫说，在森林后有一片红色的岩壁，岩壁上有三个石洞，石洞里就是甲虫们制造毒粉的地方。

黛绮丝把甲虫押到岩壁旁边：“说，到底藏在哪一个洞中？”

“这我可不知道。”甲虫苦着脸说，“不过，我们大王很迷信，它认为奇数可以给自己带来好运。所以，大王有令，在生产车间里的甲虫数量只能是奇数。”

“奇数？”尤妮娜摸了摸头。它仔细观察了一下对面的岩壁，每个洞口都不断地有甲虫以几只为一组钻进去，最后进入每个洞口的甲虫都是100组。

一号洞，陆续进入的甲虫每组数量为：2、6、4、8、2、6……

二号洞，陆续进入的甲虫每组数量为：3、5、3、7、9、5……

三号洞，陆续进入的甲虫每组数量为：2、3、6、5、4、7……

“我发现规律了。”娜娜高兴地说，“每次进入一号洞的甲虫都是偶数，二号洞是奇数，而三号洞则是偶数＋奇数。”

“我们只能看到进洞的甲虫数量，却不知道洞里各有多少只甲虫，怎么才能搞清楚哪个洞里的甲虫总数为奇数呢？”尤妮娜犯愁了。

“简单，通过进洞的甲虫奇偶数应该能猜出洞中总数是奇还是偶。”娜娜有了自己的想法，“进一号洞的甲虫每组都是偶数，那么总数应该也是偶数。二号洞的甲虫每组都是奇数，那么总数应该也是偶数。三号洞的甲虫有奇数，也有偶数，那么总数应该也是奇数。”

“你只说对了一半。”雪莉点点头又摇摇头，“我们确实可以根据奇偶数的规律来推测总数是奇数还是偶数。不过嘛，得要注意一个前提。”

“什么意思？”娜娜有些疑惑。

“虽然偶数 + 偶数 = 偶数，奇数 + 奇数 = 偶数，偶数 + 奇数 = 奇数，但在数列中为了保证所有的数和数都能两两相加，那么这个数列中，数的个数必需是偶数。因为进入三个洞口的甲虫都是 100 组，而 100 是偶数，所以生产车间应该藏在三号洞里。”雪莉耐心地解释道。

“雪莉说得真棒。可现在的问题是，我们怎么才能进入洞中？”黛绮丝提出了一个难题。

找到解药

蚂蚁们擅长攀爬，要爬上光滑的岩壁并不是一件困难的事。可洞里洞外有大量的甲虫看守。一旦惊动它们，就会遭到敌人的围攻，那可就十分危险了。

“也许我们可以设法把它们引开？”尤妮娜出主意道。

“不如像上次那样，用树皮伪装成甲虫的甲壳披在身上，化妆潜入？”露西提议。

黛绮丝正举棋不定，突然听到树林里响起了号角声，成群的甲虫爬出石洞，向号角声的方向飞去。

“这是怎么回事？”黛绮丝询问甲虫俘虏。

“啊，那是全军集合的号角。看来，大王要出征了。”甲虫说道。

“这倒是个好机会，我们得分头行动。阿丽塔，你带一部分飞行蚁去侦察甲虫们要干什么。我们乘虚而入，找到解药。”黛绮丝下令道。

蚂蚁们兵分两路，等所有的甲虫撤走后，黛绮丝率领其中一路悄悄潜入了三号洞。里面放着大量的瓶瓶罐罐，散发着一股难闻的气味，即便是隔着口罩都能闻到。

“我想，我找到解药了。”雪莉翻看着一叠笔记，欣喜地说道。

“笔记上说，要想配置奴隶毒粉的解药，需要把蓝色烧瓶中的溶液倒入紫色烧瓶的溶液中，分三次倒完，每次倒的量必须相等。如果不能精确地做到这一点，解药配置就会失败。”

“看来，说明书上所指的蓝色烧瓶和紫色烧瓶在这里。”眼尖的娜娜找到了它们。经过称量，蓝色烧瓶中的溶液刚好有10.92 克。

“10.92 克分 3 次倒完。那就是 10.92 ÷ 3，天哪，有小数，这怎么除？”娜娜惊呼起来。

“而且，我怀疑 10.92 无法被 3 整除，看上去没法儿凑整啊。”尤妮娜开始怀疑这是个圈套。

“雪莉不是教过大家小数除法吗？”黛绮丝挠挠头，“先利用除法除数与被除数同时扩大或缩小相同倍数(0 除外)，商不变的规律，去掉除数的小数点，然后再按整数除法计算，商的小数点与除数的小数点对齐就行了……”说着，黛绮丝列出了竖式。

“竟然能除尽？真是不可思议！”尤妮娜看着面前的紫色烧瓶逐渐冒出“咕嘟咕嘟”的泡泡，然后又冒出烟雾，最后变成了清亮透明的液体。

“希望它能真的管用。”黛绮丝长舒了一口气。

“这点儿量可不够。”雪莉摇摇头，“我得待在这儿，好好研究一下这种毒粉和解药是怎么配置出来的才行。”

现在看来，黛绮丝面对着一大堆难题：找到解药的秘密，阻止甲虫大王的野心，解救变为奴隶战士的同胞们，向蜘蛛大姐求助生产更多的口罩……到底该先做哪件事呢？黛绮丝陷入了沉思。

天灾降临

黛绮丝仔细地思考了一下摆在面前的选择，每一项都十分紧急。最后，它决定还是先陪雪莉找出奴隶毒粉和解药的秘密。否则的话，永远都摆脱不了被动挨打的局面。不过，黛绮丝还是把手下所有的飞行蚁士兵都派了出去，让它们向四面八方发出警报——甲虫大王的大军已经来了！

太阳落下又升起，升起又落下。雪莉一直不眠不休地研究着，最后它兴奋地大叫起来：

“我成功啦！”

“首先，是毒粉的秘密。”雪莉手舞足蹈地说，“其实，甲虫的翅膀本身是无毒的。但它们找到了五种含有剧毒的草药和矿物质，将其制成粉末后涂在翅膀上。一旦吸入这种毒粉，就会狂躁不安，产生幻觉。而奴隶毒粉更是能让中毒者丧失意识，盲目服从甲虫大王的命令。”

“那么，我们怎么才能得到更多的解药呢？”黛绮丝焦急地问。毕竟甲虫们已经展开了侵略行动，靠这点儿现成的解药无法帮助更多的受害者。

“放心，我已经分析出了解药的秘密。如果仅仅是普通的毒粉，用蜥蜴哈根沼泽里的还魂草就可以解毒。但对于奴隶毒粉，除了还魂草之外，还要配上龙首山的水晶石粉末、回声峡谷里的蕨草根、老鹰羽毛烧成的灰和蜘蛛粪便。”

“如果是这样,我们得保证这些重要的原料不会落入甲虫之手。”黛绮丝想到了蜥蜴哈根，它所在的沼泽绝对不能失守。

“快，大家赶紧向沼泽出发。”黛绮丝下令道。

赶往蜥蜴沼泽的旅途可真是艰险万分，一路上遇到各种疯狂的动物。它们不是互相撕咬，就是呆若木鸡地聚集在树下。

“它们在干什么？”娜娜问。不远处，一群臭椿围成一个圈，一动不动地守在树根处。

“看见树根缝隙里的卵块了吗？”雪莉悄悄说，“那是甲虫们产下的卵。看来，这些臭椿中了奴隶毒粉的毒，正为甲虫们看守这些卵块呢。”

黛绮丝可不想节外生枝，它们蹑手蹑脚地绕过了臭椿们，继续向蜥蜴沼泽进发。

来到沼泽，黛绮丝立刻觉察到了不对。这里一改之前的宁静，大量蜥蜴在这里聒噪不已，显得十分热闹。

“哈，朋友们，你们竟然回来了。”一个巨大的身影出现在黛绮丝身后。原来是蜥蜴首领哈根。它告诉黛绮丝，这里正在遭受甲虫大军的猛攻。

“本来，我们蜥蜴可是甲虫的天敌，一口一只，一口一只……”哈根满意地伸出舌头舔了舔肚皮，又叹了口气，“可是不知它们现在用了什么妖法，竟然让许多蜥蜴战士反目成仇，自相残杀。还……还反过来帮助甲虫对付我们。”

“目前到底是什么情况？”作为将军，黛绮丝最关心的就是战场局势。

“情况很不乐观。”哈根吩咐部下拿来一张地图，在黛绮丝面前摊开，“这片大沼泽是我们蜥蜴一族的领土，我们现在身处沼泽的最后方，而前线离我们有 100 米远。不过，甲虫大军和它们的奴隶们正在猛烈地冲击着最前面的防线。每一天，我们的防线都会被迫向后退缩 30 米，但到了晚上，在英勇的蜥蜴战士们的反攻下，我们又能将防线向外推出 20 米。整个战斗就这样持续拉锯，但总的来说，我们节节败退。”

“要是这样的话，甲虫大军需要几天能攻打到这里呢？”娜娜喃喃自语地计算起来，“第一天白天后退 30 米，还剩 70 米，晚上反攻收复 20 米，就是 90 米。第二天后退到 60 米，反攻到 80 米，也就是说，每天甲虫大军只能向前推进 10 米，100 ÷ 10=10（天），我们只能坚守 10 天。”

“你算错了，娜娜。”雪莉冷静地说，“实际情况比这要糟得多，第 7 天的时候，前线会离这里还有 10 米，尽管晚上我们还可以反攻到 30 米的位置。但第 8 天敌人就会一举攻打到我们面前。第 9 天，最后的阵线也会失守。”

“天哪，不算不知道，这里竟然藏着迷惑人的陷阱。”娜娜惊呼起来。

看来，情况确实糟透了。

问答题

1. 小智用一根绳子做跳绳，第一次用去了这根绳子的$\frac{2}{3}$，第二次用去了这根绳子的$\frac{1}{5}$，还剩几分之几？

2. 方萍一家买了 4 千克苹果，第一天吃了$\frac{1}{3}$。请问剩下的比吃了的多多少千克？

怎么才能阻止甲虫们的疯狂攻击呢？黛绮丝心里有了一个主意，也许可以请蜘蛛大姐帮忙，用蜘蛛网暂时延缓敌人的攻势。

说干就干，黛绮丝请飞回来的飞行蚁士兵作为信使，向蜘蛛大姐转达自己的想法。蜘蛛大姐想都没想就同意了黛绮丝的建议，并搭乘飞行蚁来到了蜥蜴沼泽。

“必须得阻止这些疯子，否则红森林里连一片树叶都不会剩下。”蜘蛛大姐悲哀地说。它目睹了甲虫们是如何疯狂啃食树叶的。

“我可以说服我的族人们参加你们的战斗，不，是我们的战斗。”

蜘蛛大姐把它所知道的同族住址都告诉给了黛绮丝："让你们的飞行蚁尽快把它们带过来吧。"

"这是个好主意。"黛绮丝立刻展开行动。很快，四面八方的蜘蛛都汇合到了蜥蜴沼泽。

"这些该死的甲虫，它们驱使各种发疯的动物撞破了我们的网，毁了我们的家，再这样下去我们会饿死！"年老的蜘蛛皮特抱怨道。

“我们可以在蜥蜴沼泽未被占领的地方编织防御网，阻碍甲虫的进攻，还可以制作大量的口罩，这样可以避免更多的动物变成甲虫的奴隶。”蜘蛛大姐提议。

很快，在蜥蜴的协助下，蜘蛛们通力合作，开始了浩大的织网工作。

“从这里的地形来看，我们需要织出6层大网，一道道铺设在沼泽的必经之路上。甲虫们需要花大量的时间来攻破我们的防线。”蜘蛛大姐很有信心。

“借这段时间，我们可以调集更多的援兵，编织更多的口罩。”黛绮丝点点头，“也许还可以想出别的办法。”

当六层蛛网编织好后，大家本以为可以暂时轻松一下了，但黛绮丝很快发现，事情并不像它们所想的那么简单。

“捷报，许多甲虫粘到了网上，失去了战斗能力！”有士兵回来报捷。

“糟了，甲虫们调整了策略，让被感染的动物们打前锋冲撞蛛网。”很快又有士兵回来报告，“许多蜘蛛网已经被撞出破洞！”

蜘蛛大姐赶紧把蜘蛛家族的战士分为三组，分头修补蛛网上的破洞。经过一天一夜的奋战，三个组的蜘蛛都退了回来。

“一组和三组共修补了 56 个洞，二组和一组共修补了 38 个洞，二组和三组共修补了 42 个洞。但敌人每天能造成 70 个破洞。”

“一天之内，我们一共能修补多少个破洞呢？”蜘蛛大姐被搞糊涂了。三个组的蜘蛛都是两两配合进行工作的。它们知道两个组一共修补了多少洞，可却说不上来各组单独修了多少，自然也无法知道总数了。

“这个问题很简单。三个组共同修补的破洞总数为（56+38+42）÷2=68（个）破洞。”雪莉张口就报出了答案。

“等等，为什么把它们加起来？为什么除以2？”蜘蛛大姐想不明白。在它看来，各组的工作量混在一起，有的多，有的少，根本无法简单相加呀。

“确实是这样，不过，就算各自工作量再不一样，但求和之后，它们都被加了两遍。所以除以2后就能得到总工作量。”雪莉解释道。

“原来如此。不过看得出来，补上的破洞数量远远赶不上新破掉的数量，我们得赶紧想其他办法。”黛绮丝急了。

一线生机

眼看防线越来越近，大家都一筹莫展。再这样下去，就只能束手待毙了。

还是哈根打破了沉默："听说你们蚂蚁擅长挖洞，我倒有一个办法。"

"哦，赶紧说说看。"雪莉没想到看上去憨厚迟钝的哈根竟然也有主意，不禁有些吃惊。

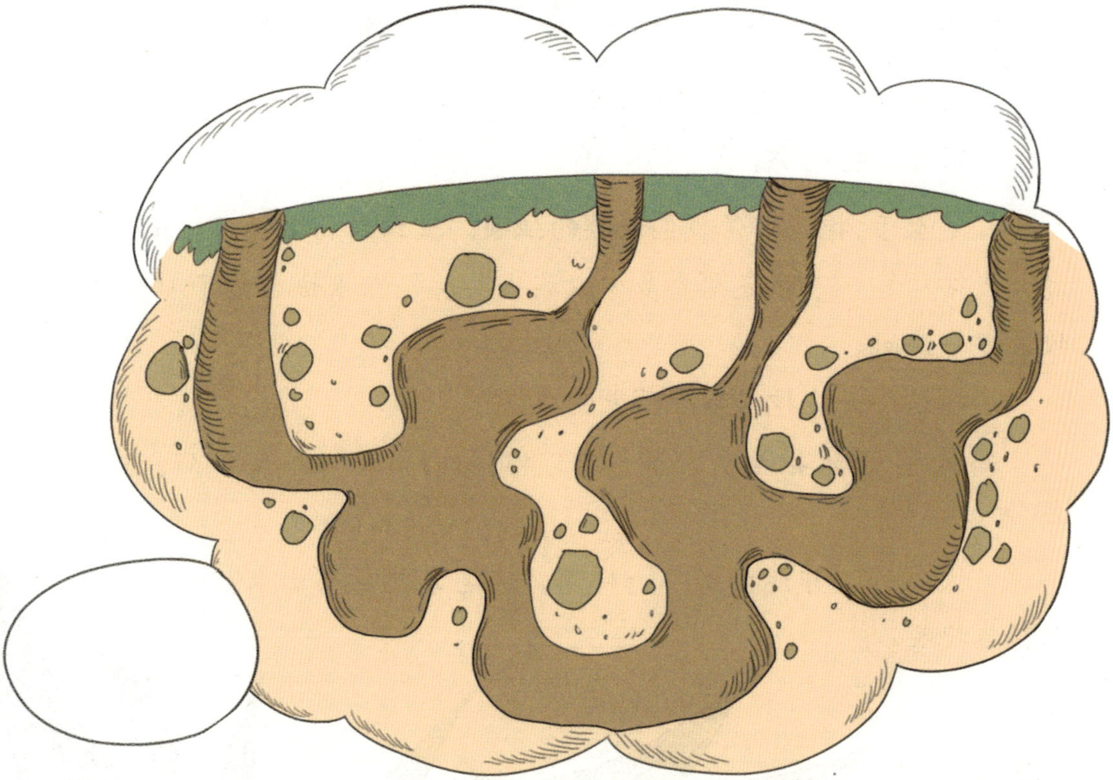

“蛛网挡不住甲虫，我们这些甲虫的天敌也拿它们没有办法。不过，在地下，它们的毒粉可施展不开。”哈根胸有成竹地说，“在蜥蜴沼泽的周围，地下形成了许多天然的坑洞。只不过坑洞之间互相独立。如果你们蚁族能把坑洞挖掘连通，大家就可以暂时撤退到地下。”

这确实是个办法。雪莉也觉得可行。哈根继续说：“过去我们测量过，地下未连通的部分共有 90 米，之前我已经吩咐蜥蜴们挖掘了 30 米，但却花了快一年的时间……”

“30 米？占整个未连通部分的几分之几呢？”尤妮娜好奇地问道。

“啊，我们可以把单位 1 平均分成若干份。比如，把 90 米看作单位 1。你想知道 30 米占 90 米的分数，可以用 $30 \div 90$，也就是 $\frac{1}{3}$。”雪莉解释道。

“还有$\frac{2}{3}$？”蜘蛛大姐嘟囔道，“那不是还需要两年？等你挖好，我们大家都死翘翘了。”

“不至于，挖洞可是我们蚁族的强项。”黛绮丝信心满满地说，“不过，我得估算一下到底需要多少蚁族士兵。”它很快召集了10只蚂蚁，逐一询问。

“你们每天能挖掘多少厘米的地道？”

蚂蚁们开始报数：“38、27、43、41、35、42、53、37、39、45。”

“大家的工作能力都不一样啊，这怎么能算得出来？”尤妮娜急得直挠头。

“也许我们无法得到一个完全准确的数字。不过平均数已经够用了。”黛绮丝说，“38+27+43+41+35+42+53+37+39+45=400（厘米），400÷10=40（厘米），也就是说，平均每只工程蚁每天能挖掘40厘米的隧道。”“原来如此！”尤妮娜豁然开朗，“还剩40米的隧道需要挖掘。40米就是4000厘米。要知道需要多少工程蚁，用总的工作量除以每只工程蚁的工作量就可以得到答案。4000÷40=100（只）。召集100只工程蚁，我们就能在一天之内完工。”

“恐怕没那么多时间。”蜘蛛大姐摇摇头，“防线随时可能被攻破。”

“那就增加一倍人手，200只工程蚁同时开工，只要半天就可以完工。”黛绮丝心里有数了。

绝处逢生

在黛绮丝的努力督促下，工蚁们终于把所有的地洞都连通了起来。许多前来避难的小动物撤到了地下，暂时安全了。

“我们快要抵挡不住敌人的猛攻了。”一只蜥蜴一瘸一拐地退了回来。

“全体向地道撤退！”哈根下令。黛绮丝坚持断后，等到最后一只蚂蚁进入地道后，它才撤了下来。随即，蜘蛛大姐用厚厚的蛛丝堵住了洞口。

这下子，整个地面都成了甲虫们的天下。索罗大王和拉玛博士在甲虫们的前呼后拥下，神气地前来视察。

“这些碍眼的家伙都被赶到了地下，我的大王。”拉玛博士谄媚地笑道。

“很好，从此整个红森林都是我的了。”索罗大王大笑一阵后，又皱起眉头，“不过，斩草还得除根，否则它们会不停地和我捣乱。”

“放心吧，陛下，虽然我们甲虫拿地下世界没有办法，可我们有奴隶大军哪。”

拉玛博士手一挥，甲虫们把十几只蚯蚓押了上来。

“对，让它们打洞。把臭蚂蚁们找出来，我们就跟在后面监军！”索罗大王得意地狂笑起来。

很快，蚯蚓们便在甲虫的驱赶下挖起土来。虽然它们不知道地道的准确位置，但像这样乱挖一气，迟早会找到的。不久，黛绮丝它们也感觉到了地面的动静。

“被变成奴隶的蚯蚓正在朝下挖掘。我想，它们已经离正确的方向不远了。”露西说。

“也许我们可以把破口封住。”蜘蛛大姐出主意道。

“没用的。”另一只蜘蛛很悲观，“要不了多长时间它们就能再次挖破地道。”

“对了，我听我的爷爷说过，在地洞的深处藏着蜥蜴族的秘密武器，说不定它能帮上忙。”哈根猛地一拍脑袋。

哈根带着黛绮丝和雪莉前往地洞深处，一道石门挡住了去路。门上刻着一些图案：

“这是开启石门的密码锁，小圆圈内的数字通过一系列运算，可以得到大圆圈中的数字：109。只有在两个带问号的小圆圈中填入正确的一位数数字，才能开启密码。糟糕的是，这里没有任何运算符号的提示，增加了破解密码的难度。”哈根叹了口气。

“什么样的秘密武器，真的能帮我们扭转局势吗？”雪莉半信半疑，它打量着墙上的算式，仔细思索起来。

“也就是说，4（ ）4（ ）6（ ）8（ ）？（ ）？ =109，这该从何入手呢？”雪莉喃喃自语，“要通过这些数得到109，它们都太小了一点儿。因此，可以考虑用乘法。但是，如果全部连续相乘，这个数字又会远远大于109。所以应该是乘法和加法的组合。也许我们可以把4和4,6和8，还有两个空白圆圈的数字看作三组数。它们各自单独相乘，然后相加。也就是4×4+6×8+？×？ =109。”

“这样计算的话，就是16+48+？×？ =109，？×？ =45。”黛绮丝高兴地说，“在两个空白圆圈内可以填上5和9，这是唯一的答案。”

“天哪，我真是个傻瓜。听你这么一说，这道题并不难嘛。”哈根懊恼得鼓起了腮帮子。

当填入正确的答案后，石门“吱吱呀呀”地打开了。里面会藏着什么样的秘密武器呢？

石门打开后，一个巨大的彩色物体出现在大家面前。

“这……这是什么？”尤妮娜揉了揉眼睛。

“我也不知道，爷爷告诉我，这是一群来沼泽边野营的人类孩子留下的。只要他们嘴里发出‘biu，biu’的声音，这里面就会喷出强劲的水柱，冲走一切。”哈根回忆道。

“啊哈，我明白了。”见多识广的雪莉高兴地叫起来，“这个东西叫水枪，对我们来说，确实是一件威力惊人的秘密武器！”

“这种水枪可以调节喷射水流的强度，如果调节成水柱模式，强劲的水流甚至可以赶走体形巨大的敌人。如果调节成水雾模式，可以有效地清除毒粉带来的威胁。”雪莉仔细地研究了一番水枪，得出了结论。

“看上去还能用……”黛绮丝说，“不过，我们得想法把它运出这里。”它打量了一下石室的出口，这个出口并不是常见的长方形或正方形，而是一个三角形。

“要把水枪运出去，至少得保证水枪最宽的部分不宽于三角形最窄的部分。”黛绮丝说。

经过一番测量之后，工程蚁发现门的宽度完全不足以把水枪运出去。

“我们可以把大门的两边拓宽，也就是让三角形变成一个长方形。这样可以保证运出水枪。”一只工程蚁说。

“这需要增加多少面积呢？”哈根问道，“看起来，我们需要分别算出左右两边小三角形的面积，然后把它们加起来。”

“不用那么麻烦，增加的面积 = 原来三角形大门的面积，也就是 30×15÷2=225（平方厘米）。”雪莉一口回答道。

“天哪，这么快，你是怎么做到的？”哈根惊叹不已。

“根据三角形面积的计算原理，是与它同底同高的长方形面积的一半。而图中长方形的面积 = 底 × 高。仔细想想就可以发现，剩下的两个小三角形肯定等于长方形面积的一半，也就是等于大三角形的面积。”雪莉解释道。

“如果是这样的话，把水枪运出石门毫无问题。”黛绮丝高兴地说。不过接下来还有大量的工作要做。工程蚁们得先拓宽地道，这样才能让水枪通过。地面出口应该选在一个让甲虫们意想不到的位置，并且还得尽量靠近水边，否则水枪无法蓄满“水弹”。

“看起来，我们得和蚯蚓们比赛一下挖掘泥土的本领啦，大家有没有信心？”黛绮丝给工程蚁们打气。

“有！”工程蚁们用震耳欲聋的喊声回答道。毕竟，这是一场生死攸关的比赛。

当蚁族和蜥蜴族合力抬着灌满水的水枪出现时，甲虫们完全被打了个措手不及。只见一股水流精准地击中了甲虫大军的中央，甲虫们顿时四散逃走。紧接着又是几股水流射了过来。

“反击，反击！”索罗大王气得直跺脚。一些甲虫凌空飞起，试图在空中释放毒粉，但黛绮丝把水枪切换到水雾模式。漫天的水雾把毒粉清洗一空。

“大王，许多士兵的翅膀湿透了，无法起飞。”拉玛博士偷偷瞄了一眼周围，“我们没有准备，再这样下去会吃亏，不如暂时撤退。”

“也好，就让它们多活两天！”索罗大王气哼哼地说。甲虫退出战斗后，其他种族的奴隶生物们也纷纷散去。蜥蜴沼泽暂时又恢复了平静。

“呼，好险，再拖一会儿，水枪里的水就用光了。”雪莉长舒了一口气。要是甲虫们发现这一点儿，肯定会乘机进攻的。

“利用这个机会，我们得抓紧时间制造解药。”黛绮丝当机立断。蜥蜴沼泽就可以提供还魂草和蜘蛛粪便，而水晶石粉、蕨草根、老鹰羽毛灰都需要时间去收集。

赶制解药

在黛绮丝的动员下，红森林中其他幸存的动物都加入到收集和制造解药的工作中来。而蜥蜴族则忙着加固防线，蜘蛛族忙着赶制口罩。大家万众一心，发誓要战胜贪婪的甲虫们。

“军师呀，目前的工作进度怎么样了？”黛绮丝来到热火朝天的工厂，询问雪莉。

“我们每小时可以制造 9.5 瓶解药。”雪莉汇报了最新的进度，“预计在后天中午之前，可以造出足够大家使用的解药。”

“要是再快点儿就好了。”尽管现在看起来，那些家伙正忙着奴役其他生物为它们建造宫殿，储存食物。但黛绮丝担心它们也在悄悄准备下一次进攻。

“从目前的情况看，我可以努力把生产效率提高到现在的1.2倍。”雪莉认真地想了想。

“1.2 倍？那不就是 9.5×1.2 吗？这个算式看起来更复杂了，毕竟乘数和被乘数都带有小数点，该怎么处理呢？”黛绮丝有点儿迷惑。

“我们可以先想办法去掉小数点，变成整数乘法，这就简单多了。”雪莉解释说。

“将军你看，如果把乘数和被乘数同时扩大10倍，是不是就难不倒你了呢？”雪莉用树枝在地上列出算式。

“唔，95×12=1140（瓶），天哪，我们每小时可以生产1140瓶解药。军师，你是施了什么魔法？”黛绮丝简直高兴得要跳起来。

“别激动得太早，这里并没有魔法，只有数学。”雪莉笑笑，“因为乘数和被乘数各扩大了10倍，也就是一共100倍，所以结果得相应缩小为原来的1/100，才能得到正确的结果。”

“1140÷100=11.4（瓶），比原来多不了多少哇。”黛绮丝有些失望。不过现在看来，也只能先这样了。

不入虎穴，焉得虎子

正当大家热火朝天地做着备战工作时，天空中飞来了十几只飞行蚁，那正是阿丽塔和它率领的飞行部队。

“很抱歉我们没有来得及参加保卫蜥蜴沼泽的大战。”阿丽塔愧疚地说，“不过我们一直在监视着甲虫们的举动，它们很快会有大行动了。”

据阿丽塔报告，索罗大王十分忌惮水枪的威力，同时也掌握了蚁族造出口罩和解药的情报。

“就在你们生产口罩和解药的同时，甲虫们也没有闲着，它们决定一劳永逸地解决战斗。”阿丽塔说。

“甲虫们准备怎么做？”黛绮丝关切地问。

“索罗大王命令拉玛博士赶制一种新型毒粉。这种毒粉剧毒无比，被称为‘死亡毒粉’，普通的动物哪怕接触到一点儿，就会立刻丧命。”阿丽塔神色十分紧张，“我们的口罩对它们已经没用了。”

“如果在森林中大规模释放这种毒粉，将会造成空前的灾难。”雪莉叹了口气，“它们已经研制成功了吗？”

“基本是这样，下一步应该就会开始大规模生产。”阿丽塔点点头。

“不入虎穴，焉得虎子。”黛绮丝咬了咬牙，“我决定亲自出击，捣毁它们的制造工厂。”

“这是个好主意，就是太危险。”雪莉要求和黛绮丝共同行动，“我们不能硬碰硬，最好是先伪装起来，悄悄进入敌营后再发动突然袭击。”

“敌人的新营地建在一片沙地上，我们的黑色外表会十分显眼。不过在回来的路上，我发现了一大块被丢弃的土黄色破布，也许可以把它改造成迷彩服？”阿丽塔建议。

“发动奇袭至少需要 100 名蚁族战士，每位战士身披一小块儿迷彩布，大约需要……唔，40 平方厘米的布料。不知道那块布够不够用。”

“咱们去看看吧！”阿丽塔让黛绮丝和雪莉坐在飞行蚁身上，向前赶去。

果然，一大块土黄色布片躺在草丛中。也许这又是哪位游客随手丢下的。它的形状看起来像一只小脚丫。

“老天，这可怎么计算？”黛绮丝捂住额头，“它既不是长方形，也不是正方形、三角形、圆形，甚至平行四边形。”

“确实，我们无法精确计算这样的不规则图形的面积，不过还是有办法计算一个大概面积的。”雪莉抚摸着触须说道。

雪莉在纸上画了几笔，转向工程蚁队长说道：

“请像图中这样，在地上画出网状的格子，务必把整块布包括在内。每个小格子都是边长为 1 厘米的小正方形。”

“然后呢？”工程蚁问道。

“然后我们数布料所占的方格就可以啦，把大于一半的方格看作 1，不够一半的忽略掉。”

工程蚁遵令而行，很快就数出了结果。布料占了约 41 个方格，也就是 41 平方厘米。

“太好了，应该够 40 平方厘米布料的需求。”雪莉高兴地喊起来，“接下来，咱们该抓紧时间行动了。”

釜底抽薪

工程蚁们把布片裁成小块，然后改造成迷彩服给每一位参加袭击行动的战士披上。这些战士都是飞行蚁中的精锐，由黛绮丝亲自带队。

“这一回，我希望你留在这里代我照顾大家。”黛绮丝碰了碰雪莉的触角，“说不定敌人也会前来偷袭，我可不想被它们打个措手不及。”

“放心，你不在的时候，我们会小心的。”

“出发，勇敢的战士们！”黛绮丝趴到阿丽塔背上，向甲虫们的老巢飞去。

当快要接近甲虫营地时，阿丽塔开始下降高度，提前落到草丛中。从远处看，被毒粉变成奴隶的动物们正忙着拖动木材和石块，似乎是忙着修建堡垒和宫殿。而甲虫们也没闲着，它们正在十几口大锅中搅拌着一些黑乎乎的黏液。

“那就是生产死亡毒粉的地方。”阿丽塔指给黛绮丝看，“最后的成品都会收集到山洞里的储存罐里。”

蚁族战士们耐心地等到甲虫们回营休息后，再偷偷地接近了山洞。

“站住，谁！”山洞里发出了惊呼声，原来这里还藏着守卫。不过它们不是飞行蚁们的对手，三两下就被飞行蚁们打倒，并用蛛丝捆了起来。

“英雄饶命啊！”甲虫叩头如捣蒜一般。

“快说，死亡毒粉的成品藏在哪里？”阿丽塔问。

“这……就在您的身后。”

大家回头看去，这才发现在洞穴的深处伫立着两个大木桶。

“一个桶里装的是死亡毒粉，而另一个桶里装的是失败的试验品。不过，小的确实也不知道究竟哪一桶是成品。”甲虫无奈地抖了抖触须。

突然，有一只甲虫站出来说道：“我知道是哪一桶，死亡毒粉装在右边的桶中。”

“不！”另一只甲虫打断了它的话，“死亡毒粉装在左边的桶中！”

“什么？到底是哪一桶？”黛绮丝看看两只大木桶，它们完全一模一样。它再看看这两只甲虫，天哪，它俩长得也一模一样。

“这是怎么回事？”黛绮丝责问其他的甲虫。

“它……它俩一只是出了名的老实甲虫，另一只是专说假话的骗子。但只要它俩站在一起，我们也分辨不出谁是老实甲虫，谁是骗子。因为它俩长得太像了。”

“并不难分辨，我只需要一个问题就可以弄清楚。”黛绮丝胸有成竹，转向首先开口的甲虫：

“给你个机会，说明一下自己到底是老实甲虫还是骗子。”

“这……这有什么用？”阿丽塔摸着自己的头，“我们又不知道谁才是骗子，它们俩无论谁说什么都不可信。”

首先开口的甲虫也被吓到了，它犹豫半晌，说道：“我们俩中至少有一只甲虫是骗子。”

“我已经明白了！”黛绮丝拍了拍甲虫的肩膀，“假设第一只甲虫是骗子，那么它说的就是假话。也就表示这两只甲虫都不是骗子，这与它是骗子的假设矛盾，也与必然有一个骗子的前提条件矛盾。所以它是老实甲虫。”

“那么，死亡毒粉就在右边的桶中！”阿丽塔也明白了过来。

天罗地网

就在黛绮丝努力破坏甲虫们储藏的毒粉时，雪莉这边也没有闲着。

“甲虫们擅长飞行，我们应当提前布置好陷阱，让它们自投罗网。”雪莉看着蜥蜴沼泽的地图说道。

“自投罗网，哈哈，谁还能比我们蜘蛛家族更懂得布下天罗地网呢？”蜘蛛大姐提议，在蜥蜴沼泽周围的树林里织下蛛网，让甲虫士兵们有去无回。

“不过，这可是个前所未有的大工程，要赶时间的话可不容易。”蜘蛛大姐歪着脑袋思考起来。

“您在想什么，蜘蛛大姐？”娜娜好奇地问道。

“啊，我正在估算整个工程量需要多长时间才能完成。”蜘蛛大姐正色道，“目前，这里有圆蛛、横纹金蛛和漏斗蛛三大蜘蛛家族，大家的织网本领各有千秋。我们以前也曾经合作过，不过，那都是两两合作，还从来没有三大家族一起开工织网的先例呢。”

“您的意思是？”

“根据以前合作的经验和我对工程量的估算，要织完所有的网，如果由圆蛛和横纹金蛛家族合作，需要 12 个小时。如果由横纹金蛛和漏斗蛛家族合作，需要 15 个小时。如果由圆蛛和漏斗蛛家族合作，需要 20 个小时。”

“我明白了，您犯愁的是三个家族通力合作的话，一共需要多少个小时。”雪莉插嘴道。

“对，我对于数学可不在行，你有办法吗？”蜘蛛大姐向雪莉投去了求助的眼神。

“我们可以把总工作量设为1。那么，圆蛛和横纹金蛛合作的工作效率就是 $\frac{1}{12}$ 。横纹金蛛和漏斗蛛的合作效率为 $\frac{1}{15}$ 。而圆蛛和漏斗蛛的合作效率为 $\frac{1}{20}$。如果把三者全部相加，就相当于把三个家族一起合作的工作效率重复加了两遍。所以在除以2之后，就能得到三个家族一起合作的工作效率。”雪莉分析得头头是道。

“让我来算算看。”蜘蛛大姐直接在蛛网上打起了草稿，“$\frac{1}{12}+\frac{1}{15}+\frac{1}{20}$，唔，分数加法，先得把分母通分。12,15 和 20 的最小公倍数是 60。因此可以写作 $\frac{5}{60}+\frac{4}{60}+\frac{3}{60}=\frac{12}{60}$。$\frac{12}{60}\div 2=\frac{6}{60}$，也就是$\frac{1}{10}$。”

“知道了三个家族合作的工作效率，就能用工作总量 ÷ 工作效率，也就是 $1\div\frac{1}{10}=10$（小时）。”雪莉也说道。

“10 小时，比我预想的要好，我们肯定能超额完成任务。”蜘蛛大姐也有了信心。大家赶紧投入到备战工作中，就等甲虫们自投罗网了。

小错误毁了整个行动

当一切准备就绪后，已经是第二天的傍晚，黛绮丝和飞行蚁的身影也出现在大家面前。

“我们顺利地破坏了敌人的死亡毒粉！”

黛绮丝兴奋地告诉雪莉：蚂蚁战士们在储存毒粉的木桶上咬出了一个难以察觉的细小破口。按雪莉的吩咐，黛绮丝把一整瓶药水都倒了进去。

“好，这种药水可以让毒粉完全失效，我们成功啦！”雪莉拉起黛绮丝的手转起了圈圈。

“报告将军，敌人来啦！”侦察蚁娜娜前来报告。大家赶紧进入备战状态。

很快，甲虫和奴隶们所组成的大军就浩浩荡荡地出现在大家面前。

狡猾的甲虫命令奴隶动物发起第一波攻击，试图冲开蚁族的防线。但因为蚁族已经造出了足够的解药，奴隶战士们很快便恢复了神智，停止了攻击。

第二波攻击是由甲虫们在空中发起的，它们负责携带死亡毒粉进行轰炸。让索罗大王意想不到的是，一部分甲虫直接撞到了树林中的蛛网上动弹不得。而侥幸冲破蛛网的甲虫战士也沮丧地发现，它们的死亡毒粉压根儿就没有任何作用。

“你胆敢骗我！”失望的索罗大王揪住拉玛博士的翅膀怒吼，它压根儿不知道黛绮丝做了什么。

“现在，我们可以发动反攻了。”黛绮丝观察了一下战场形势，冷静地下达了命令。

蜥蜴战士们的长舌头就像高射炮一样轮番发射，把空中乱飞的甲虫们卷进肚子。蜘蛛们轻盈地在林间结网，捕捉落单的甲虫。飞行蚁们也尽数起飞，和甲虫们捉对厮杀起来。其他的动物也都卷入了战团。

“敌人已经支持不住，可以发起总攻了。”雪莉判断。

“好，把水枪准备好，开始射击！”黛绮丝下令。

两只野兔把水枪拖到了阵地上。田鼠拖动按钮开关，一股水柱射向敌阵，浇得甲虫们狼狈逃窜。

然而，意外发生了。两枪过后，水枪停止了工作，水用完了。

“快，快撤！”索罗大王见状，忙不迭下令逃走。

“天哪，这是怎么回事？”黛绮丝赶紧追问负责为水枪加水的蜥蜴们。

“呃，是这样。”一只老蜥蜴解释道，它从哈根大王那里接到了“为水枪加水一升”的命令。水枪的储水筒上确实标注了容量刻度。但糟糕的是，刻度单位是毫升而不是一升。

“一升应该等于多少毫升呢？”老蜥蜴向娜娜请教这个问题。娜娜很快就给出了答案：

“长度单位里，1 米 =100 厘米，面积计算里，边长 10 厘米的正方形面积为 100 平方厘米。它们的进制都是 100，所以，1 升应该等于 100 毫升。”

“原来如此！”老蜥蜴对娜娜佩服得五体投地，并给水枪加上了 100 毫升的水。

听完娜娜的解释，雪莉和黛绮丝哭笑不得。雪莉说道：“升和毫升都是液体常用的容积单位，1 升 =1000 毫升。可不能用长度和面积单位去乱套。你们只加了$\frac{1}{10}$的水，当然远远不够。”

娜娜和老蜥蜴羞愧地低下头去。可战机已经延误，甲虫们正在撤离战场，这可怎么办呢？

甲虫扑火

就在黛绮丝惋惜地顿足时，远处燃起了火光。

“啊，森林失火了？我们得赶去救火。”黛绮丝焦急地说。它命令蜥蜴们赶紧把水枪灌满，由野兔们带着水枪前往失火地点。

“不追击敌人了？”娜娜内疚地问道。

“火势一旦失控，整个红森林都有危险，我们不能坐视不管！”黛绮丝让飞行蚁阿丽塔驮着自己，率先前去指挥。

“咦，不对呀！”在空中的黛绮丝发现大火并不是在森林中点燃的，而是在林间空地的一个土坑之中。

另外，许多甲虫就像中了魔一样，争先恐后地扑向火焰。

“这是怎么回事？”黛绮丝跳下来，才发现雪莉和蜘蛛大姐站在一边。

“这是我想到的 B 计划——甲虫扑火，自取灭亡。”雪莉朝火焰努努嘴。原来，它早就让蚯蚓家族在甲虫逃走的必经之路上挖出一个大坑，用枯叶和废弃的蛛网当作燃料。在夜色中，冲天的火光尤其明亮。趋光的甲虫们慌不择路，纷纷逃向了这里。

战斗结束了，蚁族联军开始打扫战场，押解俘虏。许多侥幸逃脱的甲虫此刻垂头丧气地蹲在一起，甲虫的军师拉玛博士也在其中。

“博士，我们想知道索罗大王到底逃到哪里去了？”黛绮丝准备审问拉玛博士。在打扫战场时，索罗大王不见踪影，它一定在战况不利时提前逃之夭夭了。

“这……其实，在森林中有一条秘密的地下通道。以这里为起点，向东直走 3 千米后，再向正北走 3 千米，最后向西走 2 千米，就能到达我们甲虫族的秘密基地。”

“光听它说了这一堆就够让我头痛的了，什么东啊西的。”蜘蛛大姐抱怨道。

“哈哈，蜘蛛家族很少出远门。不过我们蚂蚁族经常需要长途跋涉，所以对方向特别敏感。”雪莉边说边在地上画起图来。

“首先，我们得确定一个方向，比如东方，太阳东升西落，现在是上午，朝向太阳的方向就是东方。”雪莉看了一眼头顶，继续念叨，“左西右东，前北后南。确定东方后，用你的右手指向东方，那么左手就对着西方，身体前面是北方，后面是南方……”一边说着，雪莉一边在地上画出了两条互相垂直的箭头线，分别指着东西南北四个方向。

“现在，有了基本的方位坐标，我们就能根据拉玛博士提供的信息画出索罗大王逃走的路线了。”

问答题

有一块长 10 米的布料，做上衣用去$\frac{1}{8}$，做裤子用去$\frac{3}{4}$，这些布料一共用去多少米？

虚惊一场

根据拉玛博士提供的信息，蚁族战士们终于找到了索罗大王的秘密基地，可这里竟然空空荡荡。这让黛绮丝一筹莫展，难道它们还有别的藏身之地不成？

“报告，我发现有甲虫藏在树洞的深处！”侦察队长露西前来报告。

终于，侦察蚁们发现了还没来得及逃脱的甲虫，据它们招供说，索罗大王把所有的有毒原料全部运往河边，不知道在打什么算盘。

“不好，快追！”雪莉暗暗觉得不妙。最后，蚁族战士们终于在河边追上了索罗大王。经过一番激战，甲虫们纷纷缴械投降，就连索罗大王也束手就擒。

“哼哼，可恶的蚂蚁们，我并没有输。你们等着瞧吧。”索罗大王恶狠狠地说。黛绮丝顺着它的眼神看去，发现河上游已经架起了一个大木桶。

“我已经按下按钮，很快毒液就会倾倒进河里，把水源彻底污染掉。”索罗大王放声狂笑。

“快说，到底该怎么阻止这一切？”黛绮丝追问道。索罗大王闭口不语，反倒是一边的甲虫俘虏们开口了：

“旁边有一个操作台，操作台上有一个由数字组成的算式。只要按下正确的按钮，就会停止倾倒。但要是按错，反而会加速毒液的倾倒。”

索罗大王回头狠狠瞪了部下一眼。部下苦着脸说道：“大王，我们已经输了，又何必这样固执呢？”

“你懂什么？我得不到的，别人也甭想得到！”索罗大王气坏了。

“没时间了。”黛绮丝不想再和索罗大王纠缠。它转头看向按钮，发现在4个数字间排列着3个按钮，每个按钮下面分别有＋－ × ÷四个运算符号。

“这是什么意思？”黛绮丝皱眉问道。

“通过按动按钮来选择每个圆圈中的运算符号，只有使得算式最后的结果等于 8 才能阻止机关。”一只甲虫说道。

“哈哈哈，来不及了，等你算出结果，所有的毒液已经倒入河中，现在只剩 2 秒钟了！”索罗大王歇斯底里地喊道，但没想到黛绮丝快如闪电般地按向了按钮。“啪啪啪啪”只听它连按四下，操作台开始发出“咔嚓咔嚓”的声音。

大家吓得闭上眼睛，但什么都没有发生。正在倾斜的木桶停止了活动。

“这，这不可能。没人能在这么短的时间内算出来……”索罗大王惊讶得连眼珠子都要掉下来了。

“这并不难，我不需要硬算，只需要冷静地观察，总能找到答案。”黛绮丝露出一丝微笑，“这种题可以用倒推法：最后得到 8，那么第 4 个数之前的结果可以是 4，4+4=8，也可以是 12，12−4=8，再往前推，第 3 个数前面可以是 4×4÷4=4，也可以是 4×4−4=12。”

“也就是说，运算符号填（×÷＋）或者（×——）都没错。”大家恍然大悟。

“对，不止一种答案，不懂数学的索罗大王设置了一个很容易破解的密码，现在，你必须为你造成的破坏付出代价！”黛绮丝严肃地对索罗大王说。

一场危机就这样消失于无形之中。